我的第一本科学漫画书

升级版

科学实验王

KEXUE SHIYAN WANG

32 气体的性质
QITI DE XINGZHI

[韩] 故事工厂/著

[韩] 弘钟贤/绘

徐月珠/译

U0182596

21 二十一世纪出版社集团
21st Century Publishing Group

通过实验培养创新思考能力

少年儿童的科学教育是关系到民族兴衰的大事。教育家陶行知早就谈道："科学要从小教起。我们要造就一个科学的民族，必要在民族的嫩芽——儿童——上去加工培植。"但是现在的科学教育因受升学和考试压力的影响，始终无法摆脱以死记硬背为主的架构，我们也因此在培养有创新思考能力的科学人才方面，收效不是很理想。

在这样的现实环境下，强调实验的科学漫画《科学实验王》的出现，对老师、家长和学生而言，是件令人高兴的事。

现在的科学教育强调"做科学"，注重科学实验，而科学教育也必须贴近孩子们的生活，才能培养孩子们对科学的兴趣，发展他们与生俱来的探索未知世界的好奇心。《科学实验王》这套书正是符合了现代科学教育理念的。它不仅以孩子们喜闻乐见的漫画形式向他们传递了一般科学常识，更通过实验比赛和借此成长的主角间有趣的故事情节，让孩子们在快乐中接触平时看似艰深的科学领域，进而享受其中的乐趣，乐于用科学知识解释现象，解决问题。实验用到的器材多来自孩子们的日常生活，便于操作，例如水煮蛋、生鸡蛋、签字笔、绳子等；实验内容也涵盖了日常生活中经常应用的科学常识，为中学相关内容的学习打下基础。

回想我自己的少年儿童时代，跟现在是很不一样的。我到了初中二年级才接触到物理知识，初中三年级才上化学课。真羡慕现在的孩子们，这套"科学漫画书"使他们更早地接触到科学知识，体验到动手实验的乐趣。希望孩子们能在《科学实验王》的轻松阅读中爱上科学实验，培养创新思考能力。

北京四中 _{物理教研组组长} _{物理高级教师} 厉璀琳

伟大发明大都来自科学实验！

　　所谓实验，是为了检验某种科学理论或假设而进行某种操作或进行某种活动，多指在特定条件下，通过某种操作使实验对象产生变化，观察现象，并分析其变化原因。许多科学家利用实验学习各种理论，或是将自己的假设加以证实。因此实验也常常衍生出伟大的发现和发明。

　　人们曾认为炼金术可以利用石头或铁等制作黄金。以发现"万有引力定律"闻名的艾萨克·牛顿（Isaac Newton）不仅是一位物理学家，也是一位炼金术士；而据说出现于"哈利·波特"系列中的尼可·勒梅（Nicholas Flamel），也是以历史上实际存在的炼金术士为原型。虽然炼金术最终还是宣告失败，但在此过程中经过无数挑战和失败所累积的知识，却进而催生了一门新的学问——化学。无论是想要验证、挑战还是推翻科学理论，都必须从实验着手。

　　主角范小宇是个虽然对读书和科学毫无兴趣，但在日常生活中却能不知不觉灵活运用科学理论的顽皮小学生。学校自从开设了实验社之后，便开始经历一连串的意外事件。对科学实验毫无所知的他能否克服重重困难，真正体会到科学实验的真谛，与实验社的其他成员一起，带领黎明小学实验社赢得全国大赛呢？请大家一起来体会动手做实验的乐趣吧！

目录

人物介绍

范小宇

所属单位：韩国代表队B队

观察内容：

· 擅长将各种理论应用于日常生活中。直觉敏锐，想法总是很有创意，但缺乏基础知识，实力有些飘忽不定。

· 为了见小倩，提出异想天开的实验方法。

· 以自行车专家的身份，滔滔不绝地和出租车司机讨论轮胎的相关问题。

观察结果：生性调皮，虽然爱开玩笑，但在紧要关头十分认真。

罗心怡

所属单位：韩国代表队B队

观察内容：

· 在看见分组排名第一的英国队的实验后受到刺激，更加勤奋练习。

· 科学知识丰富，在士元缺席的情况下，顺利带领队员进行比赛。

· 适时发挥潜藏的判断力和行动力，很好地兼顾学业和实验室的研究。

观察结果：所有队员、老师及身边的朋友，都认为她是黎明小学的另一张王牌。

江士元

所属单位：韩国代表队B队

观察内容：

· 在比赛期间，因为病情恶化而回到韩国接受治疗。

· 对生活中的小事漠不关心，但只要提到科学实验，就会忍不住和别人一直讨论。

· 预赛中不能缺少的核心人物。

观察结果：个性敏感，体质较弱；有时很狂妄，有时也很温柔；总是默默面对各种困境。

何聪明

所属单位： 韩国代表队B队

观察内容：

· 记忆力绝佳，但缺乏整理各种资料的能力。

· 为了见小倩一面，无法专注，导致一连串的失误。

观察结果： 虽然有时候很糊涂，却是团队不能缺少的重要人物。

林小倩

所属单位： 黎明小学跆拳道队

观察内容：

· 代表韩国参加国际武艺示范大会。

· 能够在嘈杂的人群中迅速分辨出小宇的声音。

观察结果： 在比赛中冷静以对，获得胜利。

江临

所属单位： 中国代表队

观察内容：

· 对小倩参加武艺示范大会的关心，不亚于对自己实验比赛的关心。

观察结果： 小倩和黎明小学同学之间的友谊让他非常感动。

其他登场人物

❶ 为了进入决赛，在最后一场预赛中全力以赴的田在远。

❷ 梦想黎明小学能进入决赛的金球老师。

前情提要

在中国北京举办的科学奥林匹克预赛中，黎明小学实验班成员通过实验证实秘密实验室的三人组就是诅咒纸条的幕后黑手。不过随着收到诅咒纸条的瑞娜成功带领德国队获胜，打破诅咒，纸条变得毫无意义，事件也告一段落。黎明小学下一场比赛的对手俄罗斯队，在实验中所要的小手段也被揭发。在最后一场预赛前，士元却因为高烧不得不离队回国……

马达加斯加队的翅膀模型，翅膀和本体都是金属板，应该不容易飞起来吧？

就是啊，一个电风扇够吗？

可以的。飞机也非常重，但靠着浮力还是可以在空中飞翔。

飞起来了！

太完美了！如此一来，压力、气体和测量这三项条件都具备了！

没错，第一项实验条件就是"气体"！电风扇的风就是气体的流动表现。

因为流经翅膀上方和下方的空气速度不同，所以压力也不同，这就是让飞机飞起来的原理！

第二项条件就是"压力"[1]吧？

空气流动速度快

空气流动速度慢

气压低

气压高

那么第三项条件"测量"呢？

您没看到现在正在测量翅膀的飞行高度和所需时间吗？

嘿

不是所有的测量都有意义啊！

什么？

你看那个！好高哟！

咦？

注 [1]：压力是垂直作用于物体表面的力。物体所受压力的大小与受力面积之比叫作压强。气压是作用在单位面积上的大气压力。

19

就是在纸杯上放一张纸，再快速把杯子倒过来，水完全不会洒出来。就是这个实验啊！

学生手册

转头

范小宇分析
● 善于将不同的理论联结起来，并应用到实际中，思考力也很卓越。

没错！

这就是大气压力的缘故。

闪亮

写

您说的大气压力，就是指空气的压强吧？

没错，大气压力就是托里拆利的水银实验，

你连这个都知道！我之前小看你，真是抱歉啊……

感动

托里……？

水银？

疑惑

石化

……

范小宇分析
● 连托里拆利的实验
  都不知道，基础实
  在太弱了。
● 只擅长应用，就像
  建在沙子上的城堡
  一样！

写

黑

那是什么？

是一个名叫托里拆利的科学家做的实验。
他在一根长管子中装入水银，再把管子倒过
来立着，从而证明了大气压力的存在。

为什么通过那个
实验，可以知道大
气压力的存在？

何聪明分析
● 比范小宇更有科
  学常识，记忆力
  超群。

闪亮

没错，你们知道
气体也有质量吧？

知道，如果把一个装了空气的气球和一个
没有装空气的气球拿来测量质量的话，就
会知道装了空气的气
球较重。

是的，从地表到天空尽
头，都充斥着满满的空气。
这个实验就是一个测量
空气质量的实验。

因为空气的
质量，就是
大气压力。

测量空气
的质量？

水不会从倒立的水杯中流出来，或是在刚刚那个实验中，水不会从水槽中流出来，这都是空气质量产生作用的缘故。在托里拆利的实验中，

他把水银装满长玻璃管，然后再将装了水银的容器倒过来立着，玻璃管中的水银就停在76cm的地方，这是因为76cm高度的水银所产生的压力等于大气压力。

空气　空气　空气

真空状态
水银
空气
76cm

这么说来，刚刚那个实验是用水来做托里拆利的实验啊！

可是……托里拆利为什么不用水，而用水银来做实验呢？

你说为什么呢，何聪明？

啊！根据我的资料，水银是一种会引起中毒的可怕金属。

天啊！

……

何聪明分析
● 虽然拥有许多数据，但是数据之间的链接很薄弱。

● 结论是……

你说水银是金属？金属就是又硬又冰冷的东西，对吧？

没错。

但固体也会因为温度的改变而变成液体啊！

注 [1]: 原本在大气压力测量的实验中是使用蒸馏水，在 10.336 米的地方测到了 1 气压。但在本实验中，为了方便展示原理，用了较短的柱桶来进行实验，并且在柱桶内事先灌入等量的空气。

24

这是明天要和我们对决的队伍啊!

……

从他们的眼神来看，似乎也不是毫无希望啊!

小宇的实力就跟预想的一样无法捉摸。

聪明则是有各种各样的知识和数据。

心怡拥有扎实的科学基础。

只要我稍微帮他们一下，获胜的可能性就会大大提高。不管怎么说……

我们还有士元啊!

保质期是没问题，但是包装袋很奇怪。奶奶不是告诉过我们吗：如果牛奶纸盒膨胀的话，表示牛奶已经坏了，绝对不可以喝。

牛奶 → 牛奶

膨胀 膨胀 膨胀

没错，包装纸盒膨胀的牛奶绝对不可以喝。

因为牛奶里面的细菌吃了牛奶开始消化、繁殖，然后就会产生气体，导致牛奶盒膨胀。

可是你看这个，买的时候没有膨胀起来，现在却鼓鼓的。

薯片

膨胀

薯片

沙沙 沙沙

一定是细菌开始繁殖了。

天哪，真的呀！难道在这么短的时间内就坏了吗？

沙沙

薯片 沙沙

呼噜

咕噜

……

打开看看吧！

不可以，这里面一定有毒性超强的细菌！

沙沙 沙沙

沙沙

薯片

沙沙 沙沙

这不是因为细菌跑进去了，而是因为大气压降低的原因，你们可以安心地吃。

不是因为细菌，而是大气压？

大气指的就是空气，虽然感觉不出来，但是空气也是有重量的。

大气层中的物体受大气层自身重力产生的作用于物体上的压力就是大气压力。

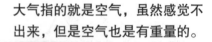

空气

那我可以吃大气压吗？

水平和小宇一样。

在靠近地面的地方空气比较多，所以有较多的力量压在薯片袋上。

当飞机上升到高空时，空气变少，压在薯片上的力量也就变弱了。

地面上

空中

这么说来，我在这里的话，空气压在我身上的力量也变弱了，为什么我没有变大呢？

胖嘟嘟

那是因为密度……
不，因为你是坚硬的物质，所以不会有什么大变化。

薯片里的空气不是坚硬的物质，所以可以很容易改变模样。

所以吃了也没关系吧？

我不相信。

……

看

薯片

那来做个实验吧！你不要打开，就这样放着，等到飞机降落到地面时，再拿出来看吧！

若如你所说，是由细菌产生气体的话……

那时候就会变得更大了！

膨胀

薯片

薯片

但如果像我说的，是因为大气压力的话……

飞机降落到地面时，包装袋就会变回原来的大小吧！

扑通

扑通

会有怎样的变化呢？真的会变小吗？

如果包装袋变小，就可以打开来吃了吧？那真是太好了！

薯片

让我看看！

抓住

沙沙

薯片

不行！

姐姐帮你好好保管！

这是我的薯片！我要自己拿！

不但没有安静下来，

沙沙沙沙沙沙

薯片

先给我吧！

绝对不给你。

摇晃

反而变得更吵了。

实验 1 用可乐吹气球

喝碳酸饮料的时候，嘴里会有气泡爆裂的感觉。如果剧烈摇晃饮料瓶，瓶内饮料还会像喷泉一样往外喷出。这都是因为碳酸饮料内含有气体。利用可乐和气球做个简单实验，可以让我们了解碳酸饮料中所含的气体和其性质。

准备物品：可乐 、砂糖 、气球 、汤匙 、纸

❶ 将纸张卷成漏斗状，插进气球的开口处，再将一汤匙砂糖顺着漏斗倒入气球中。

❷ 将可乐只留下半瓶，小心地将气球套在可乐瓶口上。注意不要把气球中的砂糖倒入可乐瓶中。

❸ 让气球立起来，将砂糖慢慢地倒入可乐瓶中。

❹ 可乐和砂糖发生反应后，会产生气体，使气球膨胀起来。

在生产碳酸饮料时，会以高压的方式将大量的二氧化碳气体注入其中。当打开碳酸饮料瓶盖时，由于瓶内气压下降，原先高压注入的二氧化碳就会因为过饱和现象而析出气体。这种析出气体的现象通常是缓慢的，当受到剧烈摇晃，或在瓶内丢入固体微粒时，气体就会快速、大量地析出。在这个实验中，我们将砂糖放入可乐里，二氧化碳就会聚集在砂糖的表面，气体团瞬间变大，并从液体中析出。分离出来的二氧化碳进入到与可乐瓶连接的气球里，气球就膨胀起来了。

碳酸饮料中的二氧化碳气泡

实验2 制作鬼怪气球

水在4℃时密度最大。水在4℃以上时，体积随温度升高而变大，密度变小。不过所有的气体，只要不涉及冷凝过程，都会遵循热胀冷缩的规律。我们可以利用气体会随着温度不同而产生体积变化的规律，来进行一项有趣的实验，然后从中了解这个原理的奥秘。

准备物品： 养乐多瓶2个 、干净的水 、气球 、油性笔

❶ 将气球吹大、绑好后，用油性笔画上鬼怪的脸。

❷ 将约50℃的热水倒入养乐多瓶至约 $\frac{2}{3}$ 的地方，充分摇晃一下再倒掉。

因为热水很危险，所以要请大人帮忙。

❸ 将养乐多瓶口直直地倒扣在气球上，紧贴气球压住，然后静静地等待一段时间。

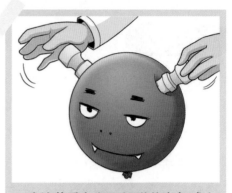

❹ 确认养乐多瓶已经附着在气球上后，再用相同的方法将另一个养乐多瓶吸上去。

❺ 将多个养乐多瓶吸在气球上，就能制作出各种造型的气球。

这是什么原理呢？

气体体积会因为温度改变而变大或缩小。如果将热水倒入养乐多瓶里再倒出来，瓶内的空气就会变热。这时若将瓶口迅速贴在气球表面，并且静待一段时间，由于瓶内的空气会冷却到和外界空气温度一致，瓶内的空气体积就会变小。因为养乐多瓶不太容易变形，于是就会把紧贴在瓶口的气球膜吸进瓶内，就如同在帮气球"拔罐"一样，瓶子能牢牢吸住柔软而不透气的气球表面。

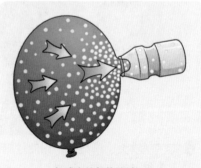

气球中的气体流动

第二部 实验马拉松

安静

英国B队和马达加斯加队的
对决结果出来了。总分是
84.3分比76.7分……

啪

76.7

84.3

闹哄哄　　闹哄哄

从那里开始整理吧！

……

分数竟然相差这么多！虽然我知道英国队实力很强，但是看到他们在比赛现场的表现，似乎比想象中还厉害呢！

是啊，果然是不能小看的队伍……

闹哄哄

七嘴八舌

不管是在比赛中的表现，还是队员的态度，都让人感觉很沉稳呢！

对啊！

不用太过担心！因为从现在开始，有我和你们一起并肩作战。

惊吓

好奇怪…… 您不是一直都跟我们在一起吗？

我是说我要正式站出来帮你们啊！现在最重要的是作战策略。英国队到目前为止是三胜无败，已经确定是第一名的队伍。所以现在你们要做的，就是和第二名的俄罗斯队对决！

	英国B		
		俄罗斯A	韩国B
1			
2			

因此，接下来的比赛更加重要！

我们已经输给俄罗斯队了，难道您忘记了吗？

吐舌

我当然不是说真的对决啊！我的意思是，俄罗斯队是影响我们能不能进入决赛的关键对手！

怒吼

我们位居第二名，就必须和俄罗斯队进行看不见的对决！

看不见的对决？

紧张

你说
马达加斯加队?

他们犯错了?

难道只有我没看到吗?你看到了吗?

我没看到,我可是一秒钟都没有错过呢!

难怪!他们队明明做了完全符合条件的实验,气体、压力,就连测量都做得很完美,但是最后分数却这么低。

不是所有的测量都有意义啊!

啊?难道是测量?

这么一说,测量结果是有点儿奇怪。

哪里奇怪?风吹的时间和翅膀模型的高度,都测量得很好啊!

时间

时间

对啊,风一吹,翅膀就浮起来了。

就是那个!

过了一段时间后，翅膀模型的高度，就再也没有增加了，不是吗？

过了 10 分钟，高度相同。

过了 15 分钟，高度相同。

没错！中间有段时间一直都是停止的。

翅膀的重量

空气浮力

在空气浮力和翅膀重量两者达到均衡的地方，翅膀就会停止下来不再动了。

所以在这之后再继续测量高度，是没有任何意义的。

没有意义的测量！

震惊

如果每次测量时，测量的不是高度，而是别的东西呢？

什么？

别的东西？

是啊！

就是加入其他会影响飞机高度的条件啊！

比如像是翅膀的大小，或是角度这类的？

大小

角度

或者是风的方向或速度！

对啊，如果是这样的话……

说不定结果就会改变了。

翅膀的大小、角度和方向可以测量，但是风的速度要怎么测量呢？

风的速度嘛……

可以用风速计或用其他实验来测量。

不只是风，还可以测量所有的物质，这就是所谓的实验！

43

固体

液体

气体

44

人是由多种物质组成的，混合着固体、液体和气体，

其他无机物质约 5%

脂肪约 20%

蛋白质约 20%

水约 55%

是水、蛋白质、脂肪等物质的混合体。

骨头和皮肤是固体，血液是液体，呼吸时吸进来的空气是气体，所以全都混合在一起了？

是，是的……

物质会随着温度和压力的变化，变成固体、液体、气体等不同状态。

温度

固体　液体　气体

压力

原来人类的皮肤是固体状态，是地球的温度和压力所造成的结果啊！

不是，那是因为组成的分子不同。

啊啊

真是太好了。

什么？

您想想看嘛，人如果要测量身体，就要量身高、体重、胸围……

如果我的身体是气体，不就无法测量了吗？

很好！这次就用实验找出为什么相同质量的物质气体的体积会比液体的体积大的原因！

要准备的东西是……

透明气球！

塑料珠子！

剪刀！

打气筒！

将 50 个塑料珠子放入透明气球中，堵住进气口，并且将透明气球注满空气。

将珠子想象成丙酮的分子，这个透明气球是液体状态的丙酮。

温度升高后，丙酮变成气体状态，丙酮分子就会像这样自由地移动。

搖晃

搖晃

因为变成气体后，分子间的距离就会变大！

完成

所以密封袋中的丙酮体积才会变大！

马上就理解了！

呵 呵 呵 呵

既然知道了温度的影响，那接着就来做关于压强影响的实验吧！

什么？还要做？

动作快点儿！时间就是金钱！

要准备的东西有……

如果用手堵住空针筒前端的小洞，再用力推活塞的话，会如何？

注射活塞会挤入针筒一小截儿！

这是压强变大时气体体积缩小的表现！

再做一次！
必须要知道
原理才行！

水漏出
来了！

嗯……
老师还没来吗？

马上就来了吧！

难道有什么事吗？
他从来没有离开
过这么久。

49

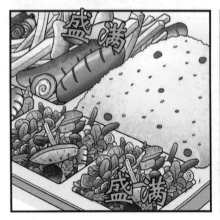

双手紧握，用力快速压迫肚脐和胸骨下方之间的中央部位！

这就是气管阻塞时的急救法——海姆立克法！利用压力让塞住气管的食物排出……

咳！

哦哦！

原来是核桃啊！

虽然补脑，但吃的时候还是要小心。

小宇，你没事吧？

这样的话，当然要去看一下啊！

我们去帮小倩加油吧！

那现在就出发吗？

你们说要去哪里？

出现

吓

惊吓

啊！！

去体育公园的话，就算坐公交车也要30分钟以上，

你们不为明天的对决做准备，反而要去找朋友？

我的目标绝对不能动摇。

严肃

啊，明天是最后一场预赛！

惊

改变世界的科学家——普里斯特利

普里斯特利（1733—1804）发现了氧气，并通过实验，发现了植物更新空气的作用。

英国的哲学家和化学家普里斯特利（Joseph Priestley），不但是最早发现氧气的人，还是发现一氧化碳、二氧化氮、氨、氯化氢等多种重要气体的人，所以他被尊称为气体化学之父。除此之外，他还尝试将二氧化碳注入水中，发明出苏打水。

1744 年，普里斯特利用凸透镜收集光，用来加热红色的氧化汞。他用这个实验，成功地分离了氧气和汞。但因为当时人们所知的气体只有空气和二氧化碳，所以他不知道这是氧气，错认为是空气。此外，普里斯特利也开始研究植物光合作用所产生的气体的性质。他在两个密闭的玻璃钟罩中，分别放入一支燃着的蜡烛和一只老鼠，不久，蜡烛熄了，老鼠也死了；但在这两个玻璃钟罩中都放入植物，蜡烛可以燃烧得更久，老鼠也可以在里面存活得更久。普里斯特利用实验确认了植物能制造出氧气，氧气可以帮助烛火燃烧，也可以帮助老鼠呼吸。虽然当时普里斯特利不知道植物制造出来的气体是一种叫作氧气的气体，但是他的这个实验证明了植物和氧气的关系。

普里斯特利的实验

第一次　　烛火：熄了　　老鼠：死了
第二次　　烛火：燃烧时间更久　　老鼠：存活时间更长

这个仿鱼鳃氧气罩，是利用鱼在水中分离氧气来呼吸的原理制成的。终于实验成功了！

不需要背着重重的氧气瓶，就可以在水里尽情地游来游去了！

对了，我先去吃个饭再回来。

等等！还可以做些实验……

比如把橡果放入这里……

啊，有橡果的味道进来了。

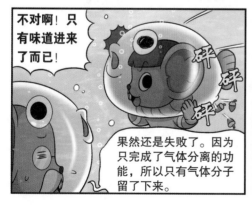

不对啊！只有味道进来了而已！

果然还是失败了。因为只完成了气体分离的功能，所以只有气体分子留了下来。

所谓的呼吸，是指生物与外界环境之间气体交换的过程，也就是吸入氧气，吐出二氧化碳的过程。

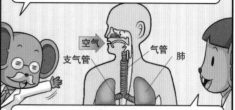

空气　支气管　气管　肺

由嘴巴和鼻子进入的空气，经过气管和支气管进入肺中。这些参与呼吸过程的器官统称为呼吸器官。

由于生活环境的不同，有些生物不是用肺，而是用其他的器官来呼吸。鱼是通过鳃中的毛细血管来进行气体交换，进行呼吸。

水中的氧气

水　氧气　鱼鳃　水

对于肺不发达的动物来说，也可以用皮肤来呼吸。而为了帮助氧气的吸收，这些动物的皮肤一直保持湿润的状态。

蚯蚓　青蛙

青蛙在蝌蚪时期，在水中是用鳃来呼吸的，等完全成长为青蛙后，就用肺和皮肤来呼吸。

第三部

比赛前的准备

呼吸时，吸入的是氧气，呼出的是二氧化碳！

所以将我呼出来的气体收集起来，不就有满满的一瓶二氧化碳了嘛！

这……

你们看，这样就非常完美地收集了氧气和二氧化碳。这就是所谓的天才啊！

我们现在就出发吧？

你要去哪里！

怎么回事？

连心怡也这样？

还不行啊！

动脑前先了解一下基本常识。空气中确实有很多氧气，但是仔细计算的话，也不过只有约21%而已，空气中大部分的气体是氮气。

所以说，这个瓶子里最多的气体是氮气。

真的吗？

空气中的气体成分比
氩气约0.936%
二氧化碳约0.034%
其他约0.03%
氧气约21%
氮气约78%
打开

仔细想想，好像以前听过这种说法。

那么……

二氧化碳呢？

二氧化碳

嗯

那二氧化碳应该是对的吧？

以前做过一个实验，往石灰水里吹气，石灰水就会变混浊！

石灰水碰到二氧化碳会变混浊。

石灰水

吹气进去的话，

呼呼

咕噜咕噜

石灰水变混浊。

就跟刚刚收集氧气的办法一模一样嘛！

哈

据说氧是宇宙中第三大元素，几乎可以和其他所有元素发生化学反应，是不是很厉害啊？

快点儿，快点儿！我们来找收集氧气的方法吧！

哈哈

呼

以真

啊，如果用电来分解水的话，就可以制造出氧气和氢气。

氢气

氧气

过氧化物漂白剂＋二氧化锰

漂白剂

二氧化锰

马铃薯皮＋稀释的过氧化氢

马铃薯皮

过氧化氢

没错，有很多实验都可以制造出氧气。

翻阅

翻阅

一般实验室里，最常使用的方法就是这个。

指

把二氧化锰放入锥形瓶里，然后将稀释的过氧化氢滴进去。

稀释的过氧化氢

二氧化锰

氧气

水

这样就可以把化学反应之后产生的氧气收集在集气瓶里。

哇哦

69

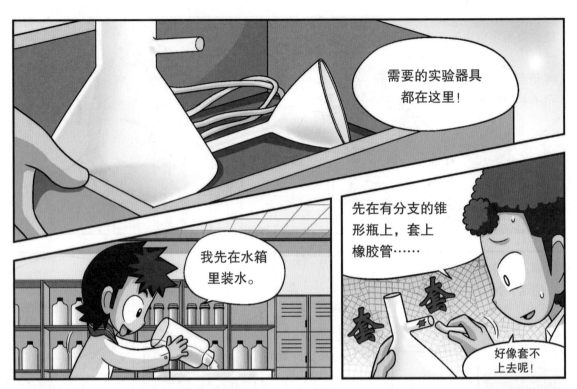

注 [1]：这里的所有步骤都是简单图示，实际操作时，一定要严格按照实验要求进行，如佩戴防护手套等。

氧气持续生成，气体体积就跟着变大。你把管子塞住，让压力也变大，橡皮管当然会掉下来啊！

抓

字

你还说这不是你的错？

这个……

嗯

好吧，这都是因为江士元！

叹气

如果士元在的话，老师就不会强迫我们做实验练习了！

这样我们不但可以自由自在地做实验，还可以去找小倩！

就照你们的想法做吧！

谢谢啦！

你呀，士元在的时候你不满意，士元不在的时候你也不满意。

字字

快点儿重新开始吧！

靠近

等一下。

不管是你们还是我，都没有办法集中精神做实验，与其这样浪费时间……

！

！

恼怒

奥林匹克体育公园

武艺示范大会

哇，一下子就击破了！

到底击破了几层板子啊？

啪

没有任何多余的动作，身手好利落！

好厉害！

哇

很好！如果是在这里表演的话，就算小宇来看也不会觉得害羞。

哇

不，都决定不要抱任何期待了，真是的……

小倩，你太棒了！

比练习的时候还要厉害。

谢谢。

放着自己的事情不做，跑来看别人比赛的人更奇怪吧！

哈！

嘻

不用担心，不管是自己的事，还是朋友的事，我都会做好！

呵呵

搭肩

如果你不想跟板子一样碎成一片一片的话，最好把手拿开。

惊吓

破裂

呵呵呵

哇！跆拳道的击破技术好强！

拍拍拍

一声不响

撞

79

中国的武术是最强的！

什么事？

因为它把所有形式的功夫，都巧妙地融合在一起。

一边轻柔地移动，一边控制自己的重心，再做出攻击的太极拳……

还有舒展优雅、行云流水的长拳！

强而有力，动作幅度适中的南拳。

另外，也有势如破竹、

了不起!

鞠躬

啪啪啪

哇哇哇哇

太厉害了!

那个人是中国青少年武术比赛的优胜者,可以说是"中国的小倩"吧?

从中国十四亿多的人中选出来的代表,和从五千多万韩国人中选出的代表,层次就是不一样啊!

韩国　中国

要从那么多人中脱颖而出得第一名不是难上加难吗?

你说的是什么鬼话啊!

怒

啊,你是谁啊?

我是跆拳道队的队长。

小倩去哪里了?

队长为什么在这里?

东张西望

指

咦？示范大会
不是结束了吗？
那么，从
现在开始……
哇
中国选手和韩国选手，
一对一竞争示范赛即将展开！
什么？小倩要和
中国冠军对决？
掌声
登场
即使是示范
赛，也要堂堂正正
地一决胜负！
谁会比较
强呢？
啊啊啊
掌声
紧张
掌声
加油！
中国队加油！

日常生活中的气体利用

空气是由各种气体混合而成的混合物，虽然无法用肉眼看见，但它一直都存在于我们身边。所有气体都会因为受到温度和压强的影响而改变体积。人们利用气体的这种性质制造出各种器具，并且广泛地使用在日常生活中。

因为温度而改变的气体体积

气体的体积在温度升高时会变大，温度降低时则会缩小。我们利用气体的这种性质来调整轮胎内的胎压，或是控制热气球。

热气球 用燃烧器将热气球里的空气加热，里面的气体分子开始活跃地移动，空气体积也跟着变大。如此一来，热气球内的空气逸出，气体密度变小，热气球就升

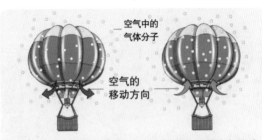

热气球上升时的空气流动　　热气球下降时的空气流动

上天空了。相反，如果把燃烧器关掉，空气冷却，由于体积缩小而导致外界的空气流入热气球内部，气体密度就会变大，热气球就会降落下来了。

轮胎 自行车的轮胎应该随着季节的变换调整灌入的空气量。因为轮胎里的空气会受到温度的影响：夏天高温时，空气体积会变大，轮胎跟着膨胀；冬天则会因为低温，导致空气体积缩小，轮胎也跟着收缩。所以在闷热的夏天，要比在春天和秋天少灌入一点儿空气，在寒冷的冬季则要多灌一点儿，以维持自行车骑行时最适当的胎压。除了自行车之外，摩托车和轿车的轮胎也必须随着季节来调整胎压。

冬天使用的轿车轮胎 制作轮胎时，必须选用不会因为温度变化而导致气体体积改变的安全的橡胶材质。

因为压强而改变的气体体积

气体的体积会因为压强增加而变小，压强降低时体积则变大。而且因为压强而产生的体积变化会比因为热量而产生的体积变化更容易控制，所以更常被应用在日常生活用品中。

液化喷雾罐 当我们用力摇晃喷雾罐时，会听到液体晃动的声音。但是按下喷嘴，喷出来的却是气体。这是利用高压来压缩气体的体积，使气体变成液态的实例。

喷射的喷雾罐

跳跳球 在橡胶球中注入空气可制成跳跳球。利用人的体重来对跳跳球里的气体施加压力，球内气体体积缩小，压强变大，人就容易被橡胶球弹开，同时，随着外部压力的消失，跳跳球内的气体体积也会回到原本的状态。

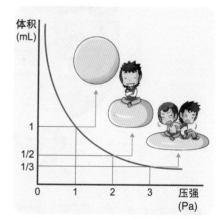

其他条件不变的情况下，气体的体积和压强间的关系

🅣🅘🅟 **人在高处时，为什么耳朵会听不太清楚?**

当我们爬到高山上时，或是坐飞机起飞、降落时，耳朵会听不太清楚，这是空气密度改变所产生的压力变化，也就是气压的差异造成的。空气中的大部分气体分子会因为地球的重力而聚集在地表附近，当高度增加时，气体分子的密度和压强也跟着减小。我们的耳朵平常是用耳咽管来维持鼓膜内外的气压平衡的，但爬山或是坐飞机起飞、降落时，外侧的气压变低，外耳和中耳的压力变得不同，耳朵也就听不太清楚了。

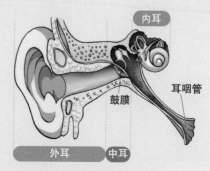

可以看到的气体变化

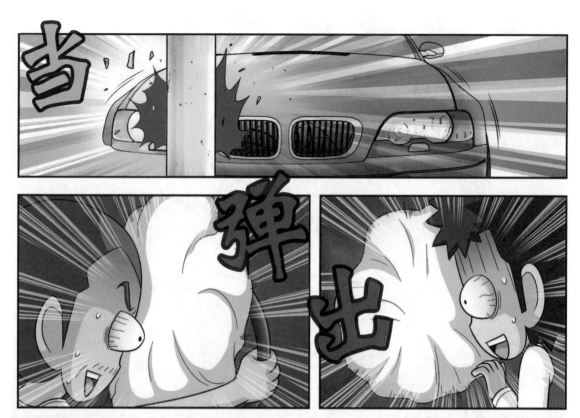

99

虽然我常遇到爆胎，但这种事还是当司机以来第一次遇到……

太太太可怕了。

冷静点儿！现在没事了。

胎内空气压力的调整很重要，空气太多或太少的话，轮胎很容易磨损从而造成爆胎。

空气太多会磨损中央。

空气太少会磨损边缘。

好像真的是这样，你知道的挺多嘛！

我不只是车辆专家，还是科学领域的高手呢！

都什么时候了，还在"王婆卖瓜"！

没时间了，我们快点儿换上备胎，将气囊收起来继续开吧！

换备胎是没问题，

但是气囊没办法收起来。

什么？保护状态结束后，不是应该能够恢复原状吗？

安全气囊是跟车子前面的传感器相连接的装置，当它感应到撞击时，氮气会瞬间充满整个气囊。

3 安全气囊弹出
固态氮粒迅速气化，产生的氮气迅速充满整个气囊。

1 碰撞传感器
撞击时，惯性促使滚球滚动而启动开关。

2 气体膨胀装置
启动充气装置，引起气囊内电热点火气爆炸，引起升温反应。

所有的装置连在一起，使用过一次就要全部更换。

啊，原来这里面是氮气啊！

戳戳 拍拍

哇，1秒就能变这么大！

连1秒都不到呢！差不多在0.03秒内，所有的安全气囊都会弹出。

安全气囊

安全气囊

0.03秒？你是说在这么短的时间内会变这么大？

这就是气体了不起的地方！它的体积会随着压强增加或温度上升而急速变小或变大！炸药也是利用这样的气体特性制作而成的。

爆发

热、压力

炸药　热　压力增加　爆炸

这就是气体的力量！

就像是这个安全气囊……

没受伤的话，我们赶快下车吧！

咔嚓

嗯？要干吗？

现在跑过去反而比坐车要快。

瞧

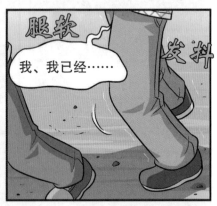

小宇？

哇

小倩，怎么了？

啊！没、没什么事。

头晕的话，就坐下来休息。

嗯……我休息一下好了。

我也真是的，又看错了。

瘫坐

她好像没看到我们。

喘

喘

喘

喘

小倩……

109

你们也真好笑，小倩有超能力吗？这种距离怎么可能看得到你们？

哇

热气球越来越高了。

七嘴八舌

热气球什么时候会降落？

这个嘛……要绕完整个公园才会降落……

都没打声招呼就要回去了吗？

她连我们来了都不知道。

至少要 30 分钟吧？

啊……

可是我们必须赶回实验室。

呃……

笑

啊！

110

111

确认空气体积

实验报告

实验主题	通过杯子和纸船的实验，了解空气体积。
实验仪器	❶水槽　❷透明塑料杯两个　❸纸船　❹锥子　❺油性笔
实验预期	通过观察有洞的杯子和没洞的杯子内纸船高度的变化，以及水槽水位高度的变化，确认空气是有体积的。
注意事项	按压杯子时，要注意保持水平状态，不要倾斜。

实验方法

❶ 水槽内装约 $\frac{2}{3}$ 的水，用油性笔标示水位高度。

❷ 取一个塑料杯，用锥子在底部刺穿一个洞。

❸ 将折好的纸船放入水槽内。

❹ 将底部没有洞的杯子从上方覆盖住水槽内的纸船后，慢慢地按压到水槽底部，观察水位高度及纸船的高度变化。

❺ 将底部有洞的杯子从上方覆盖住水槽内的纸船后，慢慢地按压到水槽底部，观察水位高度及纸船的高度变化。

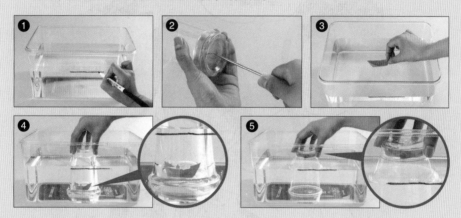

实验结果

	底部没有洞的杯子	底部有洞的杯子
杯子内的水位变化	杯内没有进水	杯内装满水
水槽的水位及纸船的高度变化	水位升高，纸船沉到底部	两者皆没有变化

这是什么原理呢?

　　用没有洞的杯子按压水槽里的水，杯内的空气会把体积相同的水挤压出来，造成水槽水位上升；而用有洞的杯子按压水槽里的水，空气会从洞里跑出来，原先杯内空气所占空间会充满水，因此水槽水位不会有变化。

　　通过水槽的水位变化，可以发现气体是有体积的。

第五部

朝向天际

你是说像热气球一样，把空气加热让气体密度变小吗？

虽然可以加热让气体变化，但也有些气体原本就密度小。

气体的种类不同，密度也不同。氢气比空气密度小，所以可以浮在空气上方；二氧化碳比空气密度大，所以会往下沉。

氢气

空气

二氧化碳

原来是这样啊！

飞艇就是利用这个原理呢！

不是飞机，是飞艇吗？

过去人们会乘坐装满氢气的飞艇飞到其他地方，

但这是在飞艇爆炸之前的事。

1937 年兴登堡号爆炸事件

氢气 (H₂)
地球上最轻的气体，具有易燃性，若受到光或是热等刺激，很容易爆炸。

飞艇爆炸？

害怕

在那之后，飞艇就改用不易爆炸的气体了。

也就是……

氦气。

好像在哪里听到过呢？

对！氦气不易出现爆炸。

那边的气球里面装的就是氦气。

没错，氦气也是比空气还轻的气体。

但是也不可能用氦气气球啊！

嗯？

那边绑着一堆气球的箱子一动也不动，

想要飞到上面的话，应该需要超级多的气球吧！

飘 飘

你竟然想靠着气球飞上天，真好笑！

嗯？

扑哧

扑哧

122

小倩真的好厉害，以世界冠军的身份站在那儿。

小倩是很厉害，但心怡更让我佩服。不仅带我们一起来这里，还想出气球的点子，真的很厉害呀，不是吗？

……

你对心怡也太关心了吧！少管闲事！

你干吗跟来看小倩？

我是她朋友，你是跟踪狂！

你才是心怡的跟踪狂！

唉

他们干吗又这样？

……

123

这里。

这是今天进入决赛的韩国 A 队队员的个人资料。

好的，请等一下。

恭喜您！这组去年也参加了吧？今年成功进入决赛了呢！

韩国 B 队明天也有机会！

哈哈

要是两组都进入决赛的话，一定会很欣慰吧？刚刚看到 B 队跑步的样子，相当有朝气呢！

哈哈

是啊，他们不只很开心，还很有活力……

等等……跑步？他们跑去哪里？

两个小时前，我看到他们匆忙地跑出去。看起来很开心，应该是要去什么好地方吧。

会很贵吧？

用零用钱坐出租车吧！

我也有一点儿零用钱！

怎么可能……

这样的话，当然要去看一下啊！

我们去帮小倩加油，然后再回来吧！

那现在就出发吗？

两个小时前的话……

在我回来之前全部都要做好，知道吗？

知道了，路上小心。

是在我指定完实验练习后，去看未来小学的比赛时……

125

绝不可能！他们那个时间明明就应该还在实验室做我指定的实验！

啊……是吗？那可能是我看错了。

当然！

他们一定是待在实验室里！

明天就是最后的预赛了，不可能跑出去玩的！

但是现在队内的中心人物士元不在……

也可能趁我不在时，跑去武艺大会！

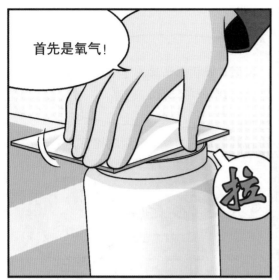
首先是氧气!

扇
拉

氧气无色无味,为什么要闻呢?

无色无味也是一种特性,当然要确认一下!

心怡,氧气的特征是什么?

在!

氧气是我们呼吸时必需的气体,所有的生物都要靠呼吸才能维持生命。

还有?

还有……

氧气具有容易和其他物质结合的特征。

没错，铁和氧气发生作用就会产生锈。

削皮后的苹果会变成褐色，也是因为和氧气产生作用的关系。

是的，跟氧气结合的现象称之为氧化。燃烧也是一种氧化反应。

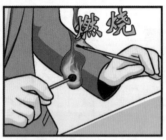

燃烧

咦，燃烧也是？

但是，燃烧的必要条件是？

啊？是可燃物、达到燃点和氧气！

惊吓

没错，虽然氧气本身无法燃烧，但是可以帮助其他物质燃烧。

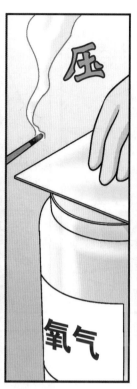

收集氧气

实验报告

实验主题	将氧气收集到集气瓶内观察，了解氧气的性质。
实验仪器及药品	❶ 铁架台　❷ 集气瓶　❸ 二氧化锰　❹ 稀释的过氧化氢 ❺ 水槽　❻ 橡胶管　❼ 玻璃片　❽ 漏斗　❾ 有洞的橡皮塞　❿ 橡胶管夹　⓫ 抽滤瓶　⓬ 镊子　⓭ 玻璃管 ⓮ 药匙　⓯ 乳胶手套 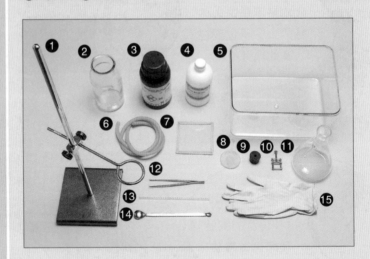
实验预期	将二氧化锰与稀释的过氧化氢反应后产生的氧气收集到集气瓶内。
注意事项	橡胶管夹一次打开一点点，注意不要一次让太多过氧化氢滴下来。

实验方法

❶ 将漏斗放在铁架台上，底部连上夹着橡胶管夹的橡胶管。

❷ 抽滤瓶中放入 1 克二氧化锰及少量水。

❸ 用插着玻璃管的橡皮塞塞住抽滤瓶，再将漏斗下的橡胶管连接至玻璃管。

❹ 将抽滤瓶的分支连上橡胶管，并把橡胶管的另一端放入已装满水的水槽里。集气瓶先装满水，然后倒置于水槽内。

❺ 从漏斗倒入稀释的过氧化氢，打开橡胶管夹，使其缓缓滴入抽滤瓶内。刚冒出的气体先不要收集，因为含有原先瓶内的空气。稍等片刻再将橡胶管放入集气瓶内收集氧气。

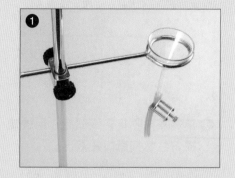

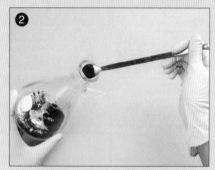

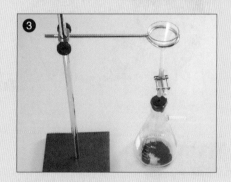

⑥ 集气瓶内收集到气体后，用玻璃板盖住集气瓶口并取出。

⑦ 观察集气瓶内收集到的气体颜色，并闻一下气味，用镊子放入刚点燃的纸团试试看。

实验结果

❶ 产生气体后，集气瓶内的水位降低。

❷ 集气瓶内收集到的气体无色无味。

❸ 纸团一靠近，就旺盛地燃烧。

错误示范——
不能像小字一样离这么近哟！

吸吸

❶

❷

❸

这是什么原理呢?

　　过氧化氢是由氢、氧两种元素组成的化合物，利用二氧化锰作催化剂，可以分解出水和氧气。氧气容易混合在空气中，但不易溶于水，因此在水槽中注入水来做实验。氧气无色无味，能和很多元素产生氧化反应。燃烧是物质与氧气结合产生光与热的现象。在装满氧气的集气瓶中放入火苗时，火焰会变旺，也是由氧气的特质造成的。

雪碧、可乐等碳酸饮料中含有二氧化碳，喝的时候嘴里会有刺刺的感觉。

在低温高压的状态下向饮料中注入大量的二氧化碳，可做出碳酸饮料。

气体在温度低、压强高的状态下，更容易溶于水。

相反的，若温度高，溶于饮料中的气体也容易释放出来，

这时打开瓶盖时，饮料就会喷射而出。

将碳酸饮料放置在冰箱的冷藏格里，使饮料处于冰镇的状态时，是二氧化碳溶解最多的时候。

但是饮料不能放进冷冻格。

当水结冰成为固体时，二氧化碳会分离出来。这时，二氧化碳在有限的空间内压力会变大，饮料瓶就有爆开的危险。

第六部

新的结合

哇！解脱了！

哦哦哦

实验课终于结束了！

手舞足蹈

这是我第一次做这么多和气体相关的实验呢！

氧气、

二氧化碳、

氢气，

还有氦气。

新鲜、自由的空气！

待在实验室里太久了，觉得空气好闷啊！

吸吸吸吸吸

还不都是因为我们做了气体实验。

什么意思？

?

我们通过实验制造出的二氧化碳和氢气，混在实验室的空气里，所以才会觉得闷。

二氧化碳

氢气

嗅嗅
嗅嗅

应该是因为待在实验室里的人在不停地吸入氧气、吐出二氧化碳吧？

呼吸 二氧化碳

聪明说的没错，在不通风的实验室里长时间待着，二氧化碳的浓度会升高。

所以长时间待在同一个地方学习，反而会觉得头越来越重，注意力无法集中。

成人一天所需的氧气量约 500 升！

氧气

其中，有 25% 是供脑部使用。

所以，老师也……

承认让我们待在实验室太久了吗？

嘿嘿嘿

我不是开窗通风了吗！

打开

这么一说……

老师好像在每次实验时，都会把窗户打开。

也就是说，我们也呼吸到公园的新鲜空气了！

咳咳

我也和你们在一起，可是我一点儿也不闷！我脑中只有明天的对决……

嘀咕

虽然很惊险，但我们还是做到了。

嘀咕

嘀咕

应该是因为那边的树木多，氧气浓度也比较高，对大脑活动有帮助。

啊，树木！那森林里的氧气会比城市里的多吗？

对啊，城市的平均氧气浓度是20.8%，森林的是21.9%，大概差了1%。

20.8%　21.9%

氧气浓度比较

为什么会这样呢？

那是因为城市人口多，空气污染严重。

翻

翻

而且植物进行光合作用的过程中，会吸入二氧化碳，释放出氧气。

啊，所以到森林里会觉得头脑特别清醒？

你们这些小子！都没有在听我说话……

当然在听啊！您不是说氧气最多的地方是森林吗？

果然没听。

海边的氧气浓度比森林里还高。海水的氧元素含量高达 88.9%，其次是地壳和空气。

海水里？

空气中有 21% 是氧元素。

海水中有 88.9% 是氧元素。

地壳有 46% 左右是氧元素。

哎哟！老师您在说什么啊？海水跟土地中有这么多氧的话，中间不就有很多洞？

骗人 骗人

这个玩笑太夸张啦。

玩……

玩笑？

小宇，这不是玩笑啦！

嗯？

147

是真的吗？难道地壳上的氧气洞就是火山口？

晴天霹雳

那个跟这个不一样啦！

不是这样的，氧元素在单质的状态下是气体，但是跟其他元素结合的话，就会变成氧化物。

这跟氧气是完全不同的物质，像是石灰石、硫酸、硝酸等。

氧气
(O_2)
气体

石灰石
($CaCO_3$)
固体

硫酸
(H_2SO_4)
液体

石灰石里有氧气？

举例来说……

啊，对了！还有水吧！

嘿嘿

水也是氧化物，对吧？水通过电可以分解为氧气和氢气。

氧气　氢气

水

没错！

对！

……

所以就像水中有氧元素一样，其他的物质里也有氧元素存在。

没错，氧元素几乎能和地球上的所有元素结合。

竟然能跟大部分的元素结合！好了不起啊！

一个氧原子和两个氢原子结合就可以成为水，不是吗？

惊叹

不仅如此，

氧原子

氢原子

氢原子

氢原子　氢原子

氧原子

水
(H₂O)

但是如果两个氧原子和两个氢原子结合的话……

只有氧原子的数量不同吗？

也是水吗？

氢原子　氢原子

氧原子　氧原子

氧原子　氧原子

氢原子

会变成过氧化氢。

氧气制造实验中使用的材料。

同样的元素结合……

惊讶

氢原子

氧原子

氢原子　氢原子

氧原子　氧原子

水

过氧化氢

竟然会变成完全不同的东西！

149

那么，
要开始了吗？

等一下，
在那之前……

怎么样，和士元
一模一样吧？

我还在想你干吗
拿气球回来……

你们看，我画
的不错吧？

一点儿也不像好吗！

来吧，
士元，
你坐
这里。

好像士元真的坐
在旁边一样。

你干吗坐在那里？

风好大啊!

对了，士元说他明天几点到?

他说如果没堵车的话，早餐之前应该可以到。

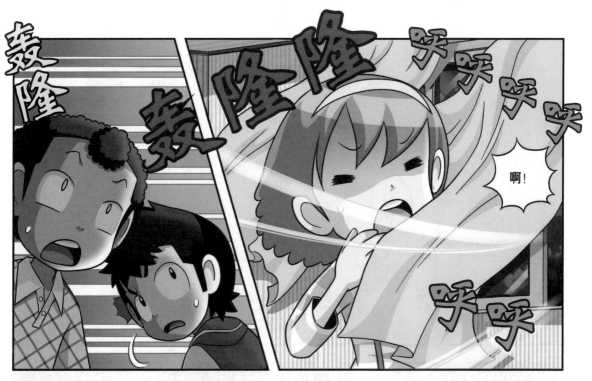

153

妈呀！吓死人！

本来下定决心……今天一定要好好帮忙加油……又搞砸了。

惊吓

自言自语

哗啦啦啦啦

瑞娜，是你吗？其实没必要特意过来加油啦！不过，还是谢谢你。

加油对象不是你！

休息室

本来想叫你进来的……

转

不行！

砰

休息室

啊！你干什么？

158

是……

还没有联络上啊?

嗯。

……

司机说送到机场了,但之后的行踪就不知道了。

怎么办……

有问题!士元一定是发生什么事了!

转身

嗯……

老师……

答答答

按

距离进场时间还剩下 3 分钟。

请依照韩国 B 队、英国队的顺序进场。

还剩下两分钟。

在士元回韩国的那天，

我曾想过可能会发生这种事。

我也是！但即使士元没办法来，我们还是要全力以赴……

没错！所以那时才让士元回去啊！

气体的性质

气体的重量

气体不同，重量也不同，由轻到重依次为氢气＜氮气＜氧气＜氧气＜二氧化碳。

看起来很轻的气体，其实也有重量。空气中的气体分子会受到地球重力影响而具有重量，这些重量压在物体表面就产生了压力，称为大气压力。海拔高度越高，重力越小，空气的密度也越小，因此大气压力也会越低。

气球中空气的重量差异

气体的扩散

扩散是指气体或液体因为密度或浓度的差异，造成分子从浓度高的地方往浓度低的地方移动的现象。气体的分子排列非常不规则，没有特定的形态，具有容易扩散的性质。不论盛装的容器有多大，气体都能够充满整个空间。味道能够从某处传到另一处，就是一种气体分子扩散的现象。

气体的体积变化

在一定体积下，一定质量的气体，温度每升高 1℃时，压强比原来增加气体在 0℃时的压强的 $\frac{1}{273}$。

在定量定温下，理想气体的体积与气体的压强成反比。

温度↓ 温度↑

查理

波义耳

压力 X1 压力 X2

气体的体积会随着温度与压强的不同而改变。当温度较高时，气体分子的运动较活跃，体积变大；当温度较低时，分子运动减少，体积也会变小。在一定温度下，气体的体积和压强大小成反比。温度与气体体积的变化关系是法国科学家查理发现的，而

压强与气体体积的变化关系最早是由英国科学家玻意耳和法国科学家马略特先后独立发现的，分别称为查理定律和玻意耳－马略特定律。

各种气体

空气由多种气体组成：78% 的氮气、21% 的氧气，剩下 1% 是二氧化碳、氢气、氩气、氦气等气体。

氮气　在空气中占最大比例的氮气，是一种无色、无味、无助燃性的无害气体。氮气化学性质稳定，不容易和其他物质发生化学反应。在包装产品时，经常会注满氮气来防止产品腐坏或破损。

氧气　氧气占空气总体积的 21%，大部分是通过绿色植物的光合作用产生的，是绝大多数生物呼吸时必需的气体。氧气能帮助物质燃烧，与大部分的元素都能发生氧化反应，形成新的氧化物。

利用氧气燃烧产生的高热火焰来焊接。

二氧化碳　二氧化碳是燃烧有机化合物或生物体分解有机物时所产生的，溶解于水中

将二氧化碳压缩、冷却，制成干冰。

可以制成碳酸水。二氧化碳拥有不助燃的特性，是灭火器的主要成分。二氧化碳也是植物进行光合作用时必需的气体。

氢气　是世界上已知的所有气体中密度最小的气体。氢气虽然具有易燃易爆的性质，但燃烧时不会产生有害物质，是可替代石油的无公害能源。

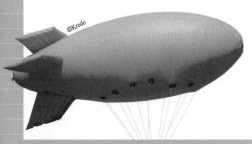

氦气　在空气中的含量非常少。是除氢气以外密度最小的气体，很轻且不易燃，因此被广泛应用在气球和飞艇上。

图书在版编目（CIP）数据

气体的性质 / 韩国故事工厂著 ；（韩）弘钟贤绘 ;徐月珠译. -- 南昌 ：二十一世纪出版社集团，2022.2（2024.6重印）
（我的第一本科学漫画书. 科学实验王：升级版；32）
ISBN 978-7-5568-6296-2

Ⅰ. ①气… Ⅱ. ①韩… ②弘… ③徐… Ⅲ. ①气体—少儿读物 Ⅳ. ①O354-49

中国版本图书馆CIP数据核字(2021)第255332号

版权合同登记号：14-2016-0227

我的第一本科学漫画书升级版
科学实验王❷气体的性质　　　　[韩]故事工厂/著　　[韩]弘钟贤/绘　　徐月珠/译

出 版 人	刘凯军	
责任编辑	杨　华	
特约编辑	任　凭	
排版制作	北京索彼文化传播中心	
出版发行	二十一世纪出版社集团（江西省南昌市子安路75号　330025）	
	www.21cccc.com（网址）　cc21@163.net（邮箱）	
经　　销	全国各地书店	
印　　刷	江西千叶彩印有限公司	
版　　次	2022年2月第1版	
印　　次	2024年6月第5次印刷	
印　　数	33001～38000册	
开　　本	787 mm × 1060 mm 1/16	
印　　张	10.5	
书　　号	ISBN 978-7-5568-6296-2	
定　　价	35.00元	

赣版权登字-04-2021-986